爱上数学 19

· 时间 ·

神奇药水

〔韩〕崔寿福/著 〔韩〕朴性垠/绘 江凡/译

云南出版集团 晨光出版社

从早上 7 点到中午 12 点，孩子们捉了 5 个小时的红蜗牛。

海尔卡王国的孩子们穿过森林的时候，
落下了一张字条。
字条上画着他们一天的日程安排。
孩子们今天都干了些什么呢？

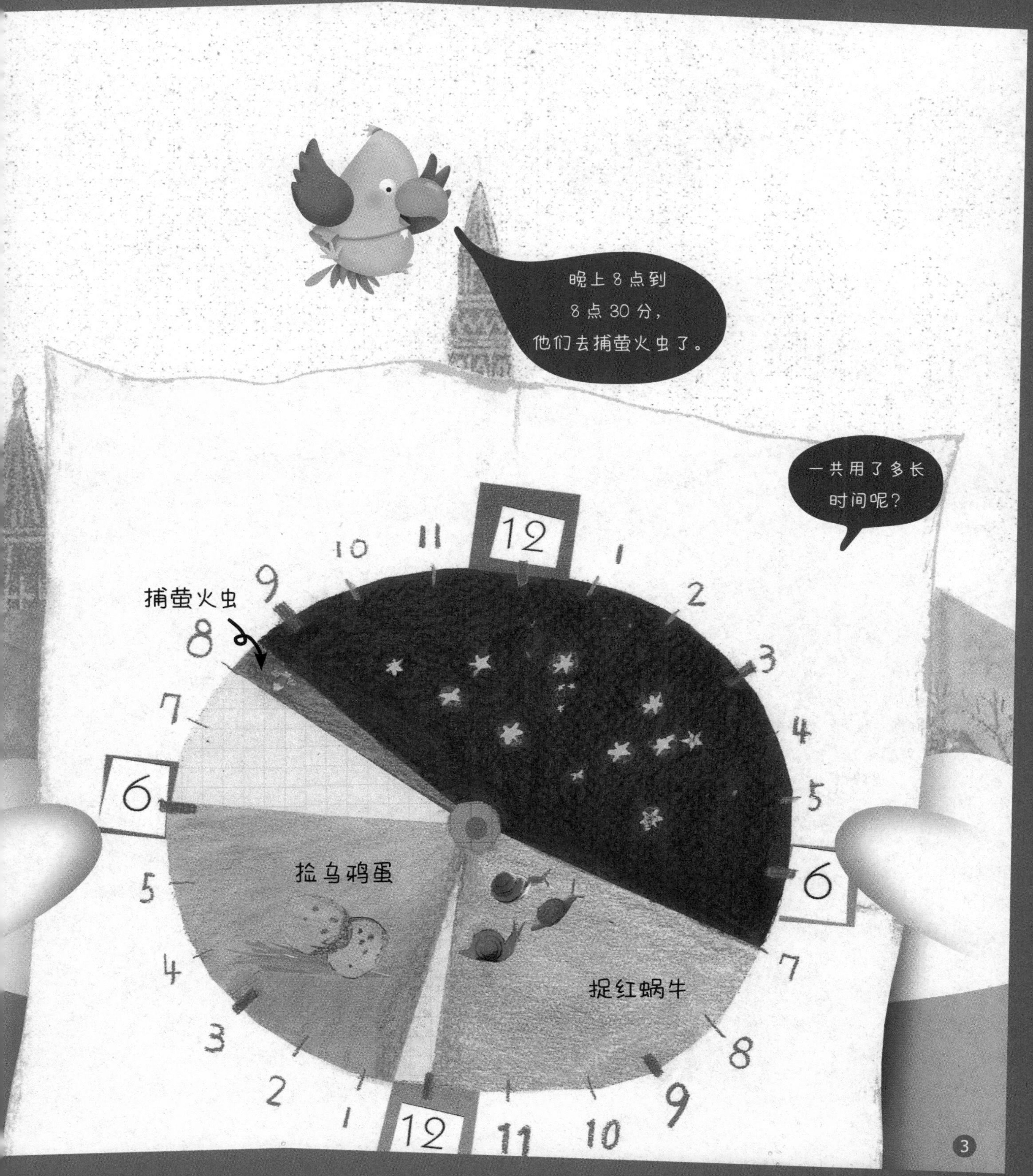
晚上 8 点到
8 点 30 分，
他们去捕萤火虫了。
一共用了多长
时间呢？
捕萤火虫
捡乌鸦蛋
捉红蜗牛

海尔卡王国是一个春、夏、秋、冬四季分明，景色宜人的国家。

每当季节交替的时候，这里都会举行相应季节的庆祝活动。

今天是夏季庆典开幕的日子。

国王挥着手，向百姓们宣布活动正式开始。

"希望你们能够尽情地享受这一切。"

国王的话音刚落，百姓们就大声欢呼起来了。

"美丽的海尔卡王国万岁！"

大家唱着歌，跳着舞，享受着庆典带来的喜悦。

不知不觉到了傍晚时分，人们都已经回家了。

广场上只剩下几个玩得忘了时间的孩子。

这时，一个魔法师悄悄地出现在了孩子们的面前。

"咚！咚！咚咚咚！"

魔法师突然敲起了随身携带的鼓。

紧接着，孩子们就像被鼓声迷住了似的，排着队向前走去。

原来，这是一面被施了魔法的鼓：鼓声会迷惑人的心智，让人不知不觉就会听从魔法师的口令行动。

魔法师一直敲一直敲。

他要把孩子们带到哪里去呢？

魔法师带着他们穿过漆黑的森林，来到一个山洞。

孩子们走累了，累倒在地。

"嘿嘿，这下有帮手帮我找齐所有原料了。"

原来，魔法师想让孩子们帮他去找制作"万能神奇药水"的原料。

他想利用那种药水，将海尔卡王国据为已有。

"快起床，快快快！"

第二天一大早，魔法师就"咚咚咚"地敲着鼓叫孩子们起床。

"去给我捉满满一袋子红蜗牛回来。"

魔法师一边喊着，一边递给其中一个孩子一只表。

拿到表的这个孩子名叫利坦。

利坦是孩子们中最勇敢的一个。

"现在是早上7点，中午12点之前给我捉回来。快去！"魔法师吼道。

为了捉红蜗牛，孩子们走遍了海尔卡山，来来回回找了好几趟，但是一只红蜗牛也没有看见。

一直到上午 11 点，袋子还是空空的，只剩下 1 个小时了。

这时，利坦灵机一动，说："我以前好像听说过红蜗牛喜欢吃苔藓。"

"真的吗？洞穴旁的大石头上有好多苔藓呢，咱们快去那儿看看吧！"

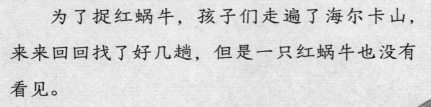

孩子们赶紧朝洞穴旁的大石头跑去。
跟预想的一样，那里有好多好多红蜗牛。
"哇，快来捉红蜗牛！"
孩子们抓紧行动，不一会儿，袋子就
装得满满的。

孩子们提着满满一袋子红蜗牛回来了。

魔法师阴险地笑了笑，又"咚咚咚"地敲起鼓，下达了新的命令，"把这个篮子装满乌鸦蛋，然后带回来！现在是中午12点半，到傍晚6点还有5个半小时，你们必须在这段时间内回来。一定要记住，必须在太阳下山之前带回来才有用。"

孩子们又急急忙忙地朝森林跑去。

不知在森林里寻觅了多久，孩子们终于发现了乌鸦的窝。

利坦熟练地爬上树，一点一点地靠了过去。

但是看着乌鸦妈妈护着乌鸦蛋的样子，孩子们都不忍心动手。

"已经 5 点 50 分了，怎么办呢？"

"还有 10 分钟就 6 点了，我们先回去吧。"

乌鸦妈妈"哇——哇——"地叫着，像是在向孩子们道谢。

"你们这帮小兔崽子，到现在为止究竟干了些什么？"

魔法师恶狠狠地把空篮子扔到一边，发起了火。

"等等，能代替乌鸦蛋的东西是……"

魔法师想了好一会儿，又再次敲起了鼓："乌鸦蛋的事儿就算了，给我把这个玻璃瓶里装满萤火虫！现在已经 8 点了，我只给你们 30 分钟。"

孩子们又一次走进了漆黑的森林。

孩子们手拉着手走在伸手不见五指的路上。

这时，成群的萤火虫出现了。

看见这美丽的景象，孩子们都惊呆了。

"大家抓紧时间！只剩下 15 分钟了！"利坦指着表大声喊道。

孩子们这才慌慌张张地往瓶子里装萤火虫。装满萤火虫的玻璃瓶发出了耀眼的光。

孩子们借助萤火虫的光，安全地回到了洞穴。

不知不觉，孩子们困在洞穴已经7天了，刚好是一周。

大家每次燃起想要逃跑的念头，都会因为再次听到魔法师的鼓声而失败。

利坦躺下来翻来覆去睡不着，他整夜都在琢磨怎么才能顺利逃脱。突然，利坦发现洞穴的一个角落里亮着微弱的光。他悄悄地跑过去一探究竟。

"哈哈，神奇药水终于做好了！马上海尔卡王国就是我的啦。对了，我得看看操纵孩子们的鼓放好了没有。"

利坦这才明白过来魔法师到底想做什么。

于是，利坦趁魔法师睡着的时候，悄悄拿走了神奇药水和鼓。

"大家快起来！"利坦叫醒了孩子们，告诉了他们魔法师的阴谋和鼓的秘密。

"我们把这个鼓砸了吧。"

孩子们一气之下，把鼓砸成了碎片，然后用尽全身力气向山下跑去。

但是，很快魔法师就发现孩子们逃跑了。他一口气追上来，挡在了孩子们的面前。

"你们往哪里逃？快把我的神奇药水和鼓交出来！"

"鼓已经被我们砸碎了，我们不知道神奇药水在哪儿。"

听了孩子们的话，魔法师气急败坏地叫起来。

就在这时，装在利坦口袋里的神奇药水"咚"地一声掉在了地上。

"好啊，原来是你把它藏起来了。"魔法师说着朝药水扑去。

惊慌失措的利坦一把捡起神奇药水，"咕嘟"一口喝了个精光。

魔法师火冒三丈。

利坦心想:"啊,要是现在能出现一头狮子,教训一下魔法师就好了。"

这个念头刚一闪过,利坦的身体"呼呼"地抖起来,他变成了一头威风凛凛的大狮子。

原来神奇药水的功能就是想变成什么就变成什么。

"你竟敢喝掉我的神奇药水!你以为我会就此罢休吗?"

魔法师嘟嘟囔囔地念起了咒语。

就在这时，不知道从哪里飞来了一群乌鸦，天空顿时一片漆黑。

原来这是乌鸦妈妈为了救孩子们叫来的援军。

乌鸦们用尖尖的嘴用力地啄着魔法师。

"哎哟，哎哟！"

为了躲避乌鸦群和狮子的攻击，魔法师狼狈地逃跑了。

过去的这一周，海尔卡王国可乱了套。

国王甚至许诺，会重金悬赏能找到这 5 个孩子的人。

孩子们一回来，全国上下又沉浸在了节日般的欢快气氛里。

伴着爆竹声，夏日庆典重新开始了。

而利坦呢，钻进妈妈的怀抱这样感叹着："妈妈，
我觉得这 1 周可比 1 年还要长啊！"

让我们跟利坦一起回顾一下前面的故事吧！

　　我和朋友们一起战胜了坏魔法师，安然无恙地回到了海尔卡王国。起初，我们被魔法师的鼓声吸引，来到了海尔卡山。魔法师要求我们在规定的时间内找回各种各样的原料。但是后来，我发现了魔法师的阴谋。于是，我们找准机会，砸碎了鼓，逃跑了……在海尔卡山上度过的这一周实在是惊险又漫长啊。

　　现在，我们一起来详细地学习一下时间方面的知识吧。

数学面对面

数学概念	认识时间	34
身边的数学	生活中的时间	38
趣味小游戏1	夏日庆典	40
趣味小游戏2	认识时间单位	41
趣味小游戏3	魔法师的台历	42
趣味小游戏4	拜见国王	43
趣味小游戏5	去奶奶家	44
趣味小游戏6	制作生活计划表	45
趣味小游戏7	阿虎的日记	47
参考答案		48

认识时间

　　滴答，滴答！每天，时间都在悄无声息地流逝，一去不复返。你知道我们在生活中常说的"8时"和"8个小时"有什么不一样吗？让我们通过下面的两幅图画来了解一下吧。

开始读书的时间

结束读书的时间

　　"8时"、"9时"中的"时"指的是钟表上的某个时间，在日常生活中我们通常叫作"点"，是时间点；"1小时"中的"小时"指做某件事从开始到结束所花费的时间，是时间段。

小姑娘从8时到9时，读了1小时的书。

我们仔细观察表面，会发现上面有三根指针。有一根长针和一根短针，它们两个暂时不动。长的那根叫分针，短的那根叫时针。还有一根针很细，正在走，这根针是秒针。

时针在1和2之间，分针指向10，表示现在是1点50分。

分针指在1和2的时候，分别代表5分和10分。

也可以说是差10分2点。

1时 = 60分

分针走过一小格表示时间过去了1分钟，转一圈需要的时间为60分。1小时等于60分。

1分 = 60秒

秒针走过最小刻度的一格所用的时间是1秒，转一圈是60秒。1分等于60秒。

除了小时、分钟和秒，还有其他表示时间的方法吗？那些更长的时间，我们应该怎么表示呢？

时针转两圈的时间是 24 小时，也就是一天。我们一般将 0 点到早上 6 点称为"凌晨"，早上 6 点到中午 12 点叫作"上午"，中午 12 点到下午 6 点叫作"下午"，下午 6 点到 12 点称作"夜晚"。

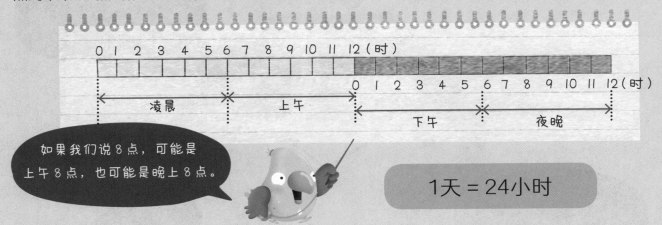

如果我们说 8 点，可能是上午 8 点，也可能是晚上 8 点。

1天 = 24小时

而我们说的"星期"，也叫"周"，包含了 7 天，即周一、周二、周三、周四、周五、周六和周日。也就是说，从周一开始过 7 天就到了下一个周一。

1周 = 7天

而 1 年则包含 12 个月，从 1 月一直到 12 月。

月	1月	2月	3月	4月	5月	6月
天数	31	28(29)	31	30	31	30
月	7月	8月	9月	10月	11月	12月
天数	31	31	30	31	30	31

1年 = 12个月

现在，我们来学习一下时间的运算。

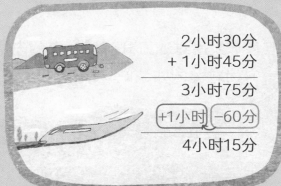

$$2\text{小时}30\text{分}$$
$$+\ 1\text{小时}45\text{分}$$
$$\overline{3\text{小时}75\text{分}}$$

+1小时 −60分

$$4\text{小时}15\text{分}$$

首先，我们来试着求时间的和。

小明去奶奶家需要先坐 2 小时 30 分的汽车，再坐 1 小时 45 分的火车，那么去奶奶家，一共需要多少时间呢？

I 小时是 60 分，所以 75 分就是 I 小时 I5 分。

$$\begin{array}{cc} 7 & 60 \\ \end{array}$$
$$\begin{array}{cc} 8\text{点} & 20\text{分} \\ -\ 6\text{点} & 30\text{分} \\ \end{array}$$
$$\overline{1\text{小时}50\text{分}}$$

现在我们再来看看时间的差。

小明去游泳馆游泳，如果他 6 点 30 分进去，8 点 20 分出来，那么他一共游了多长时间呢？

在做减法的时候，如果"分"不够减，可以从"小时"那里借"1"，即 60 分钟。

好奇心一刻

一年是 365 天吗？

我们说的一年是指地球围绕太阳公转一周的时间，一般是 365 天。但是每四年会有一年的天数是 366 天，这是为了弥补因人为历法规定造成的年度天数与地球实际公转周期的时间差而设立的。因为地球绕太阳公转一周的时间约为 365 天 5 小时 48 分。我们将一年有 366 天的年份叫作闰年，闰年的 2 月份会有 29 天。

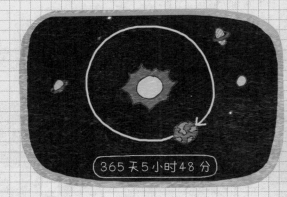

365 天 5 小时 48 分

身边的数学

生活中的时间

时间对于我们每个人来说都是一样的，但每个人度过的方式不同，有的充实，有的空虚。下面，我们来看看生活中隐藏的跟时间有关的知识吧。

 **文化**

"指针"康德

德国著名哲学家康德非常守时。跟别人的约定就不用说了，他为了不浪费时间，连自己的日常生活也总是列好计划，然后按照计划去完成所有的事。因为大家每天都会看见康德在同一个时间去散步，就像表一样准时，所以大家给他起了个外号叫作"指针"。

社会

时区和时差

地球在自转的同时，也会围绕太阳进行公转。因此每个区域接受太阳光照射的时间段不一样，世界上不同时区的地方其时间也往往不一样。为此人们以英国的格林尼治古天文台为标准时，以此为基准，每向西15°晚1个小时，每向东15°早1个小时。而北京时间是采用国际时区东八区的区时作为标准时间，比华盛顿早13个小时。比如，北京早上10点已经阳光明媚，但华盛顿此时正是晚上9点，还是一片漆黑。

▼ 英国的格林尼治古天文台

科学

动物的一生

　　动物的一生包括出生、成长、繁衍、死亡几个阶段。像牛和猪这样的胎生动物一般都是先吃奶，然后渐渐开始自己觅食。这些动物成年后，公母之间会交配繁殖。而鱼或鸟这样的卵生动物，虽然和胎生动物一样，都有从幼崽到成年的过程，但比较特殊的是卵生动物的幼崽是从卵中孵化出来的。除此之外，还有一些动物，比如青蛙要经过蝌蚪的阶段才能成年，蝉要经过幼虫的阶段才能变成成虫。

▲ 牛妈妈和牛宝宝

历史

古代计时仪器

　　中国古代常用的计时仪器有"圭表"和"日晷"，它们都以太阳为观测对象。圭表由两部分组成，竖直部分为"表"，底部为"圭"。一年之中，由于地球围绕太阳公转，每天正午时表影的长短是不同的。圭表正是通过测量正午时分的表影长度，来确定节气和年长。

　　日晷由圭表演变而来，主要是用来确定时刻的一种计时仪器。日晷由一根表（在这里称为晷针）和刻有时刻线的晷面组成。由于地球自转，一天之内，表影的方位和长度也在变化，日晷就是利用表影的方位变化来测定每天的时刻的。

▲日晷

趣味小游戏 1　夏日庆典

小朋友们正在做夏日庆典的日程介绍板。观察下面的介绍板，看看每个庆典开始的时间，并在最下方找到正确的闹钟，沿着黑色实线剪下来后贴在相应的位置上。

请在美丽的海尔卡王国尽情地玩耍吧！

粘贴处

10 点 40 分

海尔卡王国的歌唱比赛

粘贴处

2 点 20 分

制作冰激凌

粘贴处

9 点 15 分

烟花大会

认识时间单位

观察下面的时间单位，把左边两列表示同一个时间的单位用线连起来。然后，把右边两列相同颜色的图案用线连起来。读完最右侧的说明后，沿虚线将页面折起来，正确理解每个单位的含义。

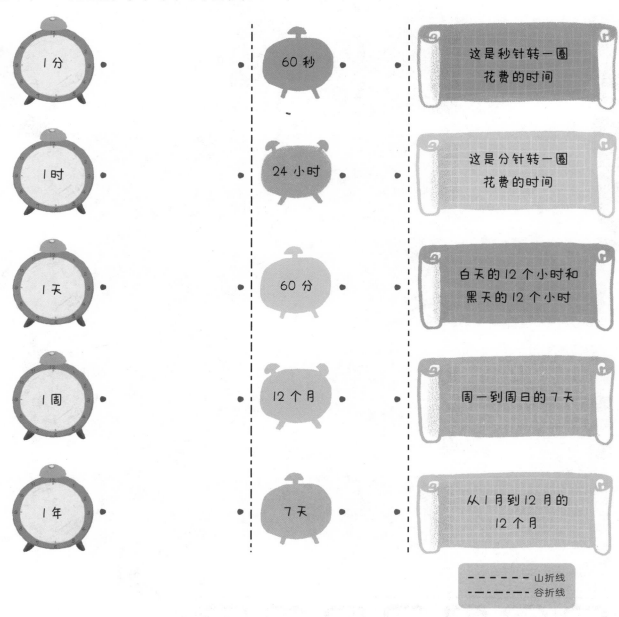

1分	60秒	这是秒针转一圈花费的时间
1时	24小时	这是分针转一圈花费的时间
1天	60分	白天的12个小时和黑天的12个小时
1周	12个月	周一到周日的7天
1年	7天	从1月到12月的12个月

------- 山折线
-·-·-·- 谷折线

趣味小游戏 3 魔法师的台历

魔法师的台历上有几个数字被擦掉了。请在空白处填上正确的数字，把台历补充完整，再把最下方魔法师的夏日活动图标沿着黑色实线剪下来，贴到台历对应的位置上。

魔法师的夏日计划
· 每周二：游泳
· 第 2 周、第 4 周的周五：去魔法学校上课
· 生日后的第 7 天：魔法师聚会

拜见国王

利坦想要去拜见国王。根据黄色框内的文字描述，判断路线图上的叙述是否正确，如果正确就跟着 ➡️ 走，如果错误请跟着 ➡️ 走。沿黑色实线将本页最下方的纸条剪开，再沿虚线折起来，就能知道利坦是否能见到国王了。

 利坦的朋友们从 4 点 30 分开始打扫教室，表上的长针转了一圈半以后，他们打扫完毕。

利坦的朋友们从开始打扫教室到结束共用了 1 小时。	利坦的朋友们打扫完教室的时间是 6 点。
利坦的朋友们开始打扫教室的时候，表上的短针在 6，长针在 4 和 5 之间。	利坦的朋友们打扫教室用了 1 小时 30 分。
利坦的朋友们打扫完教室的时候，表上的分针在 12，时针在 6。	利坦的朋友们打扫完教室的时间是 7 点。

- - - - - - - 谷折线

43

趣味小游戏5 去奶奶家

　　海尔卡王国的一个小朋友要去探望她的奶奶，路上会经过花店、水果店和邮局。观察图中给出的小朋友途经相关地点的时间，算出她路过两个相邻地点所需要的时间，然后写在相应的位置上。

制作生活计划表

试着做一个生活计划表吧。沿黑色实线把下面的图剪下来，正反面分别代表上午和下午，请在表盘上画出你一天的时间安排吧。

上午

阿虎的日记

下图是阿虎的一天。观察 6 幅图片，以阿虎的名义写一篇日记。

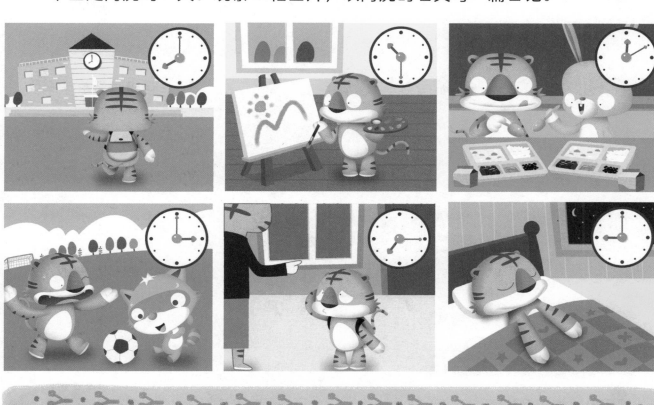

　　我今天早上 8 点去学校。

参考答案

40~41 页

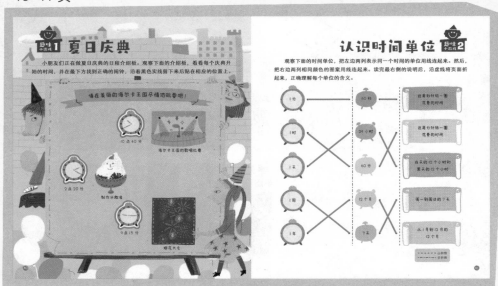

42~43 页

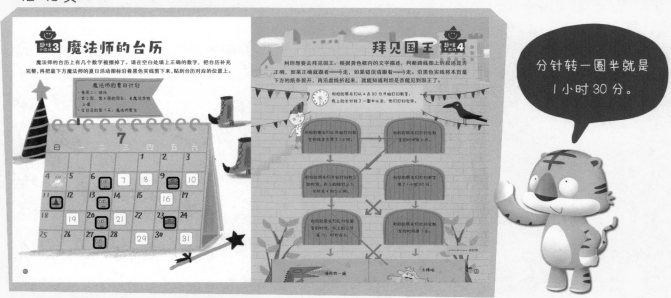

分针转一圈半就是1小时30分。